AF322011

LA CHASSE

AUX

BÊTES PUANTES ET FÉROCES,

Qui après avoir inondé les bois, les plaines, &c., se sont répandues à la Cour & à la Capitale.

Suivie de la Liste des PROSCRITS de la Nation, & de la notice des peines qui leur sont infligées par contumace, en attendant le succès des poursuites qui sont faites de leurs personnes, ou l'occasion.

Par ordre exprès du Co.... Per......, & en vertu d'une délibération unanime d'icelui, à laquelle ont assisté tous les Citoyens de cette Ville.

A PARIS, De l'Imprimerie de la Liberté, 1789.

DÉCRET.

Sur le rapport qui nous a été fait par les Capi-
taines des Chasses, d'après les représentations des
Gardes & Paysans des Terres & Seigneuries des
environs de Paris, disant que le nombre consi-
dérable des bêtes puantes & féroces qui ravagent
ordinairement les bois, plaines, parcs, &c. après
avoir dévasté la plus grande quantité de ces pos-
sessions, & détruit en partie l'espoir du Laboureur,
s'étoient tout-à-coup répandues à la Cour & dans
la Capitale, & y faisoient le plus affreux ravage.

Jugeant qu'il étoit de notre prudence de con-
tinuer à détruire, comme par le passé, toutes ces
bêtes puantes & dangereuses, ainsi que les bêtes
féroces qui se sont jointes à elles; nous avons ré-
solu, d'après les opinions de notre conseil, d'aug-
menter le prix de leur perte toujours payé aux
Gardes Chasses, Paysans, &c. & comme leur espece
se reproduit journellement, & que le nombre de
ceux qui leur donnoient précédemment la chasse,
ne seroit pas suffisant pour remédier aux incon-
véniens qui pourroient résulter du dégat qu'elles
nous ont déjà fait éprouver, nous avons rassemblé
autour de nous nos amés & féals très-chers Gardes.

Françaises, ainsi que tous les Citoyens de bonne volonté, dont le premier intérêt doit être de veiller à leur propre conservation & à celle de ses biens. Nous bornant au nombre qui pourra résulter de cet assemblage, sans vouloir, qu'à la derniere extrémité, agréer les secours qui nous ont été offerts par les Braconniers, petits Suisses & Allemands dont nous n'avons cependant pas tout-à-fait rejetté les services, mais que nous n'emploierons qu'avec une extrême prudence & circonspection, nous méfiant toujours de gens qui, sous le prétexte de chasser la bête fauve, pourroient aussi détruire le bon gibier.

A CES CAUSES voulant, à tel prix que ce soit, consommer la destruction totale de ces bêtes carnassieres & venimeuses que nous avons déjà commencé en partie, nous avons conclu qu'il étoit nécessaire d'intéresser le courage & l'adresse par une récompense généreusement proportionnée à la bête morte qui nous sera présentée ou amenée dans un état où nous n'en aurons plus rien à craindre.

En conséquence, avons arrêté entre nous le tarif suivant pour être communiqué à nos nouveaux Chasseurs. Voulons qu'il soit lu, publié, imprimé & affiché dans tous les lieux de notre surveillance, à ce que personne n'en prétende cause d'ignorance, voulant de même employer tous les moyens de parvenir à nos fins, invitons tous les Habitants de la Campagne & de toutes les Villes du Royaume, à nous prêter la main pour cette exécution, leur

affurant tous droits à la récompenfe ci - après
défignée.

ARTICLE Iᵉʳ.

On eft fortement convaincu qu'une Panthere,
échappée de la Cour d'Allemagne, a féjourné en
France quelques années fans y commettre de ra-
vages; on l'a apperçu à Verfailles, dans plufieurs
parcs, quelquefois aux promenades. La douceur
du climat paroiffoit avoir appaifé fa férocité, le
Roi même fe plaifoit à la voir; mais depuis un
certain temps, elle a repris toute la rage germa-
nique. Fixons fa mort à quarante mille livres. Elle
eft forte, puiffante, les yeux enflammés & porte
un poil roux, ci . . . . 40,000 liv.
qui feront payées fur le champ au Palais Royal,
au Chaffeur affez habile pour ne la pas manquer.

ART. II.

Un Tigre élevé à la Ménagerie de Verfailles,
fous la direction & le gouvernement de Monfieur
de la Vauguyon, vient d'en prendre la fuite après
avoir fait les plus horribles dégats, ayant tout à
craindre de fon retour en ce Royaume, évaluons
fa mort à trente-cinq mille livres qui feront payées
de même au Palais Royal. On affure qu'il eft chez
l'Electeur de Cologne.

Art. III.

Une Louve de Barbarie, élevée par curiofité par la famille des Polignac, par une bizarrerie monftrueufe de la nature, s'étant accouplée avec le Tigre & la Panthere ci-deffus défignés, ainfi qu'avec une prodigieufe quantité d'animaux de différentes efpeces, en eft devenue tout-à-coup enragée; elle court auffi le pays. Vingt mille livres pour celui qui la tuera.

Art. IV.

Un Vieux Renard de cinquante trois ans, dont on n'eût jamais foupçonné la rufe & la méchanceté, vient auffi de difparoître; on l'a vu fouvent dans les bois & aux environs de Chantilly. Dix mille francs à celui qui nous préfentera fa peau.

Art. V.

Un Oifeau de Proie, vulgairement connu fous le nom de Duc, & auquel on donnoit plaifamment le nom de Duc de Bourb., a pris fon vol par les villes de Bruxelles, Francfort. &c. Cet oifeau fi cruel ne voltige pas fans deffein dans ces Villes, pareille fomme de dix mille livres pour celui qui nous le repréfentera les yeux crevés.

Art. VI.

Un jeune Oiseau de la même espece ; fruit de la couvée de ce premier , & dont on a lieu de craindre le même effet. Cinq mille livres pour même condition.

Art. VII.

Un vieux Lyon de 55 ans, élevé à l'Isle Adam ; Château très-considérable , appartenant au Prince de Conti , comme tout aussi dangereux que les animaux ci-dessus, égale somme de dix mille livres pour récompense de sa mort.

Art. VIII.

Un Singe du Mexique, connu sous le nom de Singe Capucin, devenu tout-à-coup malicieux & perfide, deux cents livres à qui pourra nous donner des preuves certaines qu'il n'y a plus rien à en appréhender ; on le voit quelquefois roder dans l'intérieur & autour des murs de l'Archevêché , quelquefois dans la Métropole, mais rarement.

Art. IX

Un Hérisson très-sauvage, après avoir long-temps fatigué les Troupes campées au Champ de Mars , a paru dans la Capitale , notamment au Pont

Tournant; aux Thuilleries , puis delà à Verſailles , a diſparu de même. Deux cents livres àqui le trouvera mort ou vif (1).

ART. X.

UNE Fouine qui a long-temps appartenu à M. de Calonne , quoique M. le Brun n'ait point voulu lui céder en propre , en raiſon de certain talent. Cinquante francs à qui pourra la chaſſer hors du Royaume.

ART. XI.

UN Ecureuil venant des Forêts du Comté de Guiche , qui a quelquefois fait l'amuſement de Meſſieurs les Gardes du Roi , étant actuellement ſauvage, traître & méchant , cent livres à qui pourra le mettre en cage. On invite Meſſieurs les Gardes du Roi à s'en défaire s'il paroît parmi eux , ſans cependant oſer leur offrir d'autre récompenſe qu'un remerciment national.

ART. XII.

Un Blaireau, grand deſtructeur de grains, qu'on a vu à la grande chambre ſans ſavoir pourquoi, dans l'hôtel de M. Duv. d'Eſpremenil , à Paris ,

---

(1) Ce fut par le Prince Lambeſc que ce Hériſſon a été dreſſé au carnage.

on sçait bien comment , dans l'appartement du Co-
mité secret & clandestin d'une grande Dame à
Versailles, avec sa confidente & autres , où il
étoit entré par un trou. Vingt francs pour qui le
tuera.

A r t. X I I I.

Un Hibou , dont le chant sinistre s'est fait entendre plusieurs fois à l'Assemblée de l'Académie
française , & qui a volé dans la chaire de Notre-
Dame , le jour qu'on y prononça l'Oraison fune-
bre de S. A. S. Monseigneur le Duc d'Orléans , &
qui s'est plû depuis dans toutes les Assemblées de
cabale. Vingt francs pour celui qui s'en saisira (1).

A r t. X I V.

Un Chat-Huant , toujours perché sur le fauteuil
de Beaumarchais, & dans son cabinet lorsqu'il y
travaille à ses spéculations sur l'exécrable com-
merce des grains. Vingt francs à celui qui nous
en défera.

A r t. X V.

Un noir Corbeau , qui habita l'hôtel de la Police avant la Lieutenance de M. de Crosne , &

---

(1) S. A. S. Monseigneur le Duc d'Orléans en fut si scandalisé ,
que l'orateur l'Abbé Mauri en encourut son indignation.

qui fait encore entendre son lugubre croassement, par son plumage rangeoit autour de lui une vile canaille qu'il nous est important d'anéantir ; à quoi voulant pourvoir , considérant d'abord la nécessité d'avoir l'oiseau en notre puissance , nous octroyons vingt francs à qui l'apportera à l'hôtel où nous siégeons.

A r t. XVI.

Accordons pareillement douze francs par chaque tête de rats qui seront pris dans l'hôtel des fermes du Roi, bien persuadés que lorsque la race en sera détruite il en résultera un grand bien, n'étant plus rongés par eux.

A r t. XVII.

Un Ours Africain qui a ravagé le Bourg de Breteuil , désolé les Habitants de cet endroit , & ruiné les environs, qui a mordu plusieurs fois le respectable ami des Citoyens, le soutien de notre liberté , M. Necker ; en un mot notre Protecteur & notre Pere. Deux cents livres à qui pourra le museler, le charger de chaînes & nous l'ammener.

A r t. XVIII.

Comme nous n'ignorons pas qu'au nombre des bêtes venimeuses & féroces que nous venons d'indiquer, fe joint une innombrable quantité de ferpents, couleuvres, lézards, chauves-fouris, dont la contagion funefte porteroit le plus grand préjudice à nos intérêts, nous voulons, autant qu'il nous fera poffible, détruire ces bêtes fales & dégoutantes. Nous chargeons donc pareillement nos Citoyens Gardes, & nos Gardes Citoyens, d'en écrafer autant qu'ils en trouveront, & ce, moyennant la récompenfe de fix livres par chacune ; & pour leur donner à cet égard les renfeignements néceffaires, nous leur affurons qu'ils en trouveront un grand nombre,

à Verfailles,
à Bagatelle,
à la Muette,
à l'Hôtel Condé,
à l'Hôtel Conti,
au Palais Bourbon,
au Parlement les Chambres affemblées,
à l'Archevêché ;

Nous réfervant à détruire par nous-même celles qui fe trouveront dans les prifons de l'Hôtel-de-Ville, & qui fe font livrées elles-mêmes à une perte inévitable.

Engageons tous Citoyens à prêter la main à la prompte exécution de ces articles, les affurant d'avance, qu'indépendamment de la récompenfe promife, nous les prenons éternellement fous notre protection.

LISTE

Particuliere des Proscrits de la Nation.

AVEC

La notice des peines qui leur sont infligées par con-
tumace , en attendant le succès des poursuites qui
sont faites de leurs personnes , ou l'occasion.

Une Dame de Versailles. Devinez qui ?

Aux Madelonettes , aux Filles repenties , ou
à Sainte Pélagie à perpétuité ; suivant le choix
de son époux.

CHARLES-PHILIPPE ; Comte d'Artois, frere du
Roi.

Vu le respect dû à la Majesté Royale , seule
considération qui sauve les jours de ce perfide
Prince , le condamnons à une prison perpétuelle
aux Isles Sainte Marguerite.

LOUIS-JOSEPH DE BOURBON , Prince de Condé.

Décapité comme traître à la Patrie ; s'il est premier Prince du Sang François, il en a souillé toute la dignité.

LOUIS-HENRI-JOSEPH , Duc de Bourbon.

Le même traitement que son pere ; associé à son infâme trahison , ne doit-il pas subir le même sort ?

Le Duc D'ENGHIEN

Vu son extrême jeunesse qui peut avoir été séduite , fustigé de verges dans tous les carrefours de Paris , & renfermé dans une maison de force.

LOUIS-FRANÇOIS-JOSEPH , Prince de Conti.

Tête tranchée , à l'exemple des Princes de Condé & Duc de Bourbon.

Le Comte DE GUICHE.

Ammené à la Ville pour y être mis à mort , tel que le Marquis de Launay , le Prévôt des Marchands &c. ; & sa tête déposée au-dessus de la principale porte du quartier de Meſſieurs les Gardes du Roi.

Madame JULES DE POLIGNAC.

Amende honorable devant la principale porte de l'Egliſe de Paris, en chemiſe, tête & pieds nuds tenant en main une torche ardente, & là, confeſſer ſa trahiſon envers le Roi & la Patrie, demander pardon à Dieu de tous ſes forfaits, de ſa lâche ſéduction envers la Reine, enſuite conduite à pied de Paris à Verſailles pour y exécuter le même acte de Juſtice, de là ramené à Paris pour y être pendue & étranglée tant que mort s'enſuive, & ſon corps porté aux fourches patibulaires de Montfaucon.

Le Prince LAMBESC.

Fuſilié par les Soldats de la Garde Françaiſe, & ſon corps porté en triomphe dans les Thuilleries, Place de Louis XV, & rues de Paris. Son corps dépoſé à la Morgue, où l'on met ordinairement les voleurs & aſſaſſins après leur ſupplice.

Le Marquis DE NESLE.

Dix années à Pierre-en-Ciſe.

Le Marquis DE LA T** DU P**.

Aux Cabannons de Bicêtre pendant quatre années.

Le Vicomte DE LUSSAN.

Six années aux Petites Maisons, avec le plus
fort traitement au bout duquel temps, si la guéri-
son n'est pas parfaite, saigné des quatre membres.

Monseigneur L'ARCHEVÊQUE de Paris.

Le destituons préalablement de son titre de cou-
sin du Roi, il déshonore la famille, ainsi que le
plus jeune des freres, ensuite lui ferons couper les
cheveux & l'enverrons aux Capucins pour exercer
les plus vils emplois de la cuisine.

Monsieur LE NOIR, ancien Lieutenant de Police.

Pendu & étranglé en Place de Grève : défen-
dons à toutes personnes du Peuple d'y mettre la
main : que le Bourreau seul fasse les fonctions de son
emploi, & que son corps soit porté à Montfaucon,
rejoindre celui de Polignac.

Le sieur DUVAL D'ESPRESMENIL.

Aux galeres perpétuelles préalablement attaché

au carcan pendant trois jours confécutifs au mar-
ché au bled, avec écriteau, devant & derriere :
portant ces mots : *ACCAPAREUR DES GRAINS.*

Le ſieur DE CALONNE.

Mille écus pour celui qui aura l'adreſſe de le
ramener en France, où, arrivé, il ſera écartelé vif,
ſes membres brûlés, & ſes cendres jettées au vent.

Le ſieur AUGUSTIN CARON-DE-BEAUMARCHAIS.

Le condamnons à ſervir pendant trente années
de manœuvre dans les atteliers publics. On a plus
beſoin en France d'Ouvriers que d'Auteurs d'eſprit
faux & dangereux.

Le Baron DE BRETEUIL.

Conduit ſous bonne & ſure garde à l'Abbaye
de la Trape pour y terminer ſa carriere inſenſée.

Monſieur DE BARENTIN.

Blamé publiquement ſur la ſcellette par les Dé-
putés de la Nation, enſuite banni à perpétuité ;
enjoint à lui de garder ſon ban ſous peine cor-
porelle.

Tous

Tous les Présidents et Conseillers du Parlement.

Au Château de Bicêtre à la force pendant le temps & espace de trois mois.

Les Procureurs et Avocats de ladite Compagnie.

Exception faite de ceux qui sont constamment attachés au Tiers-Etat & reconnus pour tels.

Pareillement à Bicêtre, & là y travailler au Puits pendant neuf années, après lesquelles déchus de toutes fonctions.

Le sieur LAURENT DE VILLEDEUIL.

Enfermé perpétuellement à la Citadelle d'Amiens pour raison connues.

La Comtesse DE POLIGNAC,

A l'Hôpital Général de la Salpêtriere à perpétuité.

Le Duc DE POLIGNAC.

Aux galeres perpétuelles sansespérer de rachat.

Le Comte d'A g a i, Intendant d'Amiens.

Pendu & étranglé dans la cour principale de la Citadelle d'Amiens, afin que le sieur de Villedeuil son gendre puisse jouir de ce spectacle (1).

Tous les Fermiers Généraux.

Pour vingt années au dépôt de Saint Denis au pain & à l'eau.

Tous les Gardes et Commis tant aux Aides qu'aux Gabelles.

Supprimés, & comme il n'est pas juste de rester sans occupation, ils travailleront aux routes & chemins publics.

Le Duc du Chatelet.

Au carcan en place de Grève, après avoir fait amende honorable devant les portes des Cazernes des Gardes Françaises.

---

(1) Quand tous les Intendants de Province seroient de la partie, le diable n'auroit qu'à rire. Nous en exceptons M. l'Intendant d'Alençon.

L'Abbé ROY.

Oh ! Pour celui-là, nous l'abandonnons à la juſte fureur des habitants du Fauxbourg-Saint-Antoine, ils n'ont ſûrement pas oublié la cataſtrophe funeſte qui leur eſt arrivée à l'inſtigation de ce lâche ſcélérat.

L'Abbé DE VERMONT.

Aux Galeres perpétuelles avec la charge de Lecteur des Forçats, il diſtraira ſes complices.

L'Abbé MAURY.

Au Carcan dans les Cours du Louvre pendant trois jours conſécutifs, principalement à la porte de l'Académie Françaiſe, enſuite banni pour dix ans.

Le Curé DE SAINT EUSTACHE.

Deux années de Séminaire & ſes pouvoirs de confeſſer retirés ; il y a trop de danger à les lui laiſſer.

L'Avocat-Général SÉGUIER,

Le condamnons à ſervir gratuitement d'Ecri

vain public pendant quatre années , au pied du grand escalier du Palais ; il sera près de l'endroit où on exécutoit ses pompeux Réquisitoires.

Le Chevalier DUBOIS , ancien Commandant de la Garde de Paris ,

A Bicêtre pour trois mois , ensuite simple fusiller pendant dix ans , & à corvée dans un des Districts de Paris , si on veut bien l'y recevoir.

HUBERT , Concierge de la Conciergerie du Palais ,

Aux cachots de la Conciergerie du Palais , à perpétuité : l'inhumanité qu'il exerce envers les Prisonniers , prouve que loin d'être le partisan du Tiers-Etat , il en est l'ennemi déclaré.

M. DE MAUSSION , Intendant de Rouen ;

M. DE VIARMES-DE-PONTCARRÉ , Premier Président du Parlement de Rouen ;

M. DE BELBEUF , Procureur-Général au Parlement de Rouen ,

Tous trois Accapareurs de grains , & principaux auteurs des derniers troubles de Rouen.
Voyez le jugement prononcé sur M. Duval-d'E-

prémefnil : fauf que les Galeres ne feront point perpétuelles, qu'elles feront bornées à dix années, &
qu'enfuite ils feront employés à perpétuité, & par
corvée, dans les moulins publics de la Généralité
de Rouen.

Le fieur FONTAINE, Confeiller au Parlement
de Rouen.

Comme rien n'eft fi dangereux qu'un faux témoin, & que nous avons malheureufement des
preuves certaines de toute la mauvaife foi de
celui-ci (1), le condamnons à être promené,
pendant trois jours, dans la ville & carrefour de
Rouen, & enfuite à être pendu. Exhortons les
Habitants de cette ville, dont la moitié nous donne
des témoignages d'un refroidiffement criminel envers la Nation, à réparer cette négligence, en
tenant la main à cette exécution, & fur-tout à
toutes celles des Accapareurs de grains, dont le
nombre eft confidérable.

---

(1) Les mémoires fûrs que nous avons reçus contre cet
infâme agent de l'Ariftocratie, nous donnent la lifte de quantité de victimes de ce faux témoin. La malheureufe affaire du
fieur Bordier, des Variétés de Paris, ajoute à fa fcélératesse.
Un tel événement, loin de faire honneur aux Rouennois, ne
peut que rendre leur fidélité très-fufpecte ; il leur eft important de fe juftifier d'une auffi criante injuftice.

Le sieur JARRY , Procureur au même Parlement.

Notre intention étant d'extirper toute la race des Mouchards ; considérant tous les dangers de cette vermine , nous condamnons ce Procureur à demander, à genoux, pardon au Peuple, dans toutes les places publiques de Rouen , & à Bicêtre pour la vie.

M. FLAMBART , Chevalier de l'Ordre Militaire de Saint-Louis :

Condamnons ce traître comme espion du Gouvernement , & lâche envers la Nation & les Rouennois, particuliérement à être dégradé publiquement & à être transféré pour sa vie à Saint-Yon.

M. le Marquis D'HARCOURT , Gouverneur de Rouen :

Punissons son animosité contre un Peuple dont il eût dû se déclarer l'appui, & la barbarie avec laquelle il ordonnoit, lors de la derniere révolution, le massacre des Rouennois, par avoir la tête tranchée, & déclarons le Duc d'Harcourt son fils, Colonel de la Mestre de Camp de Cavalerie, incapable de posséder aucune dignité où les intérêts du Peuple seroient compromis.

Le sieur RENARD, Commissaire de Police, en ladite ville de Rouen.

La fripponnerie insigne de celui-ci, exigeant toute la sévérité de notre justice, le condamnons à trois jours de carcan, avec écriteau devant & derrière, portant ces mots : *FRIPPON, PRÉVARICATEUR de sa charge* ; de là conduit à la Chaîne, pour neuf années.

Le Marquis & le Baron DE JUIGNÉ, freres de l'Archevêque de Paris,

Comme violemment soupçonnés de participer à la cabale, au bannissement perpétuel.

Le sieur PIÉPAPE, ancien Secrétaire de M. de Lamoignon,

L'envoyons en Enfer rejoindre son Maître par la voie la plus sûre & la plus prompte.

Le sieur DE BACHOIS-DE-VILLEFORT, Lieutenant-Criminel :

Démettons-le de sa charge de Lieutenant-Criminel, & récompensons son adhésion aux manœuvres des Cabaleurs, par deux années de détention à l'Abbaye.

Le sieur DAGOULT , ancien Officier aux Gardes
Françaises :

Jugeant qu'il seroit trop rigoureux d'exposer celui-ci au juste ressentiment des Gardes Françaises
qui l'immoleroient à leur vengeance , & voulant
néanmoins punir sa trahison & sa dureté , le condamnons à passer le reste de ses jours à Bicêtre.

Le sieur DE CHAMPIGNY , ancien Capitaine aux
Gardes Françaises :

Pour donner aux Gardes Françaises qui ont arboré
si généreusement l'étendart de la Nation , & secoué
le joug de la tyrannie & du despotisme , condamnons le sieur de Champigny qui a toujours exercé
sur eux une oppression révoltante , à dix années
de Bicêtre.

Le sieur DE SARTINES , ancien Lieutenant de
Police & Ministre de la Marine ,

Comme réfractaire aux serments qu'il prononça ,
& aux principes qu'il devoit avoir toujours devant
les yeux. Pour démentir enfin l'imposture des ma-
gnifiques inscriptions déposées dans l'intérieur
de la Halle , au bas de son buste , ordonnons que
ce buste soit abattu & traîné dans les ruisseaux de

cette place , & que lui-même soit conduit aux Galeres pour vingt années ; il s'instruira là des éléments de la Marine , dont son peu de théorie pour cet art nous a été si préjudiciable.

Le Pere Prieur des Jacobins d'Amiens ,

Six mois de Séminaire , comme receleur des principaux magasiniers de grains de cette Ville de Picardie.

Le Général de Saint-Lazare :

Que ce Geolier inhumain soit non-seulement puni comme exécuteur barbare des ordres secrets des Tyrans de la Nation , mais encore comme Accapareur ; qu'en conséquence il subisse une fustigation de discipline par les Religieux des quatre Ordres mendiants , parmi lesquels il passera huit tours. Nous exhortons ces derniers à ne le point ménager. Si la Providence le conserve après , le condamnons à être renfermé , à perpétuité , dans une Maison de force , à notre choix.

Le Duc DE LA ROCHEFOUCAULT.

Voulons qu'il traîne le boulet pendant huit jours consécutifs , dans la place de Greve , comme Déserteur de la bonne cause , & ensuite renfermé à l'Abbaye , pour cinq ans.

LEFEVRE DAMECOURT, Conseiller au Parlement.

Avons distingué celui-ci de ses Confreres, par le même motif qui nous a fait discerner le sieur Duval d'Eprémesnil, cependant un peu moins coupable; le condamnons à trois jours de carcan devant la porte de la Conciergerie, & à trois années dans les cachots de Bicêtre.

Le Marquis DUSSAUSSAY.

A venir nous rendre compte de sa conduite, après quoi nous réservant à prononcer sur la peine due à ce dont nous le trouverons coupable.

Le Vicomte DE LA TOUR D'AUNAY.

Banni de Paris pour le temps & espace de neuf années.

Le sieur DE BRUNVILLE, Procureur du Roi.

Pour reconnoître en quelque sorte la fidélité du sieur de Brunville, & son attachement aux intérêts nationaux, nous l'envoyons rejoindre à Bicêtre le reste de sa Compagnie, où par grace il restera jusqu'à sa mort.

Le Maréchal DE BROGLIE.

Sur l'affurance que nous avons de l'ordre exécrable que donna cet indigne Maréchal dans la journée du quatorze Juillet au Colonel du Régiment de Befançon de faire inveftir la Ville ; ce que ce brave & patriote Militaire refufa, nous ordonnons que le fieur Maréchal de Broglie foit conduit fur un échafaud dreffé dans la Place de Greve, & là qu'à genoux il foit dégradé de toutes dignités, déchu d'honneur, & qu'il ait la tête tranchée.

Le Comte DE MERCY, Ambaffadeur de l'Empire.

Quoique cet infâme Confeiller de la Reine, ce vil Etranger fe foit dérobé à notre vigilance, & ait évité le fupplice qui lui étoit réfervé par notre vengeance légitime, nous le déclarons infâme, mettons fa tête au prix de trente mille livres, pour qui pourra le remettre entre nos mains, à l'effet de le livrer aux Bourreaux, pour être puni comme Criminel de leze-Nation au premier chef.

Le Vicomte DE BERTILLAC.

Huit années à la Citadelle de Doulens.

Le sieur TITON DE VILLOTREAU.

Au Château de Bicêtre pour trois ans.

Le Marquis DE LA CHATRE

Quoique Sa Majesté nous ait donné un témoignage de sa justice, en exilant d'auprès de sa personne le Marquis de la Châtre, ne jugeant pas cette punition suffisante, nous le condamnons à vingt ans de prison dans la Citadelle de Lille.

Le Chevalier DE JAUCOURT.

Si nous n'avions à nous plaindre que des mœurs scandaleuses du Chevalier de Jaucourt, nous ne prononcerions pas contre lui ; mais vu sa trahison & son lâche dévouement à la Cabale, le condamnons à un bannissement perpétuel.

Le Prince D'HÉNIN. (1)

Condamnons le Prince d'Hénin comme traître

---

(1) *NOTE DU GREFFIER.*

Il n'est pas inutile de faire observer qu'ici le châtiment est absolument relatif à la conduite qu'a toujours tenue le Prince d'Hénin. Ne s'occupant jamais d'affaires, tout entier

à la Patrie, à être promené pendant trois jours
confécutifs, fur un âne, la face tournée vers la
queue, en chemife, tête & jambe nues, après le-
quel traitement aux Galeres pour neuf ans.

Le Prince DE VAUDEMONT.

Aux Cabannons de Bicêtre pour vingt années.

Le Comte DE VAUDREUIL.

Rétabliffons le Pilori en fa faveur, & le condamnons enfuite à trois années de prifon à la Citadelle de Bitche en Lorraine Allemande.

Le fieur BERTIN, des Parties cafuelles :

Malgré la juftification du fieur Bertin, imprimée
dans le Journal de Paris, & la conviction que nous
avons eu que les bleds arrêtés près d'Eftampes ne

---

au libertinage, il fe rendoit la fable de la Cour & de la
Ville ; il ne regagna l'eftime des infâmes Princes, qu'en
adoptant, comme eux l'exécrable titre d'ariftocrate. On
doit fe rappeller ce quatrin.

> Depuis qu'auprès de ta Catin
> Tu joues un rôle des plus minces :
> Non, tu n'es plus le Prince d'Hénin,
> Mais feulement le nain des Princes.

lui appartenoient pas, lui faisons injonction de venir se laver du titre *d'Accapareur* qu'on lui donne avec quelque fondement.

Le Duc DE LA VAUGUYON :

Comme on ne se sauve pas sans sujet, condamnons le Duc de la Vauguyon à l'Abbaye de Saint-Germain.

L'Abbé DE CALONNE ,

A la chaîne pour trente années, comme libelliste & traître nationnal.

Le sieur LAURENT, Libraire,

Aux Galeres, pour la vie, comme Distributeur des Libelles lancés contre M. Necker, par l'Abbé de Calonne.

Le Baron DE BEZENVAL :

Ne nous en rapportant que foiblement à la clémence de l'Assemblée Nationale , nous nous servirons de la voix du Peuple, qui est le jugement de Dieu, pour le condamner à avoir la tête coupée, pour réprimer la fougue avec laquelle il écrivit au Gouverneur de la Bastille.

Le Marquis d'Autichamp :

Envoyons celui-ci à Pierre-Encife, pour le temps & efpace de fix années.

Le Duc de Brissac :

Remettons à prononcer fur le fort du Duc de Briffac, après les charges & informations des accufations intentées contre lui.

Enjoignons à tous nos Officiers Haut-Jufticiers de tenir la main à l'exécution des préfents jugements, & à nous en rapporter les Procès-Verbaux fignés de la main des coupables.

F I N.